Hela MTIR

Tratamento do cancro da mama em mulheres com mais de 70 anos

Hela MTIR

Tratamento do cancro da mama em mulheres com mais de 70 anos

ScienciaScripts

Imprint
Any brand names and product names mentioned in this book are subject to trademark, brand or patent protection and are trademarks or registered trademarks of their respective holders. The use of brand names, product names, common names, trade names, product descriptions etc. even without a particular marking in this work is in no way to be construed to mean that such names may be regarded as unrestricted in respect of trademark and brand protection legislation and could thus be used by anyone.

Cover image: www.ingimage.com

This book is a translation from the original published under ISBN 978-620-6-73044-6.

Publisher:
Sciencia Scripts
is a trademark of
Dodo Books Indian Ocean Ltd. and OmniScriptum S.R.L publishing group

120 High Road, East Finchley, London, N2 9ED, United Kingdom
Str. Armeneasca 28/1, office 1, Chisinau MD-2012, Republic of Moldova, Europe
Managing Directors: Ieva Konstantinova, Victoria Ursu
info@omniscriptum.com

Printed at: see last page
ISBN: 978-620-8-64150-4

ÍNDICE DE CONTEÚDOS

INTRODUÇÃO

O cancro da mama é o cancro mais comum nas mulheres. A sua incidência aumenta com a idade, ocorrendo principalmente entre os 50 e os 60 anos. A esperança de vida não pára de aumentar, sobretudo nas mulheres, e com ela o número de casos de cancro da mama, o que faz do cancro da mama um problema de saúde pública. O cancro da mama na mulher idosa apresenta uma série de particularidades, quer do ponto de vista epidemiológico e clínico, quer em termos de tratamento e prognóstico. Embora histologicamente mais favorável, com menor invasão linfonodal, estes tumores são diagnosticados tardiamente. Os doentes com mais de 70 anos são geralmente excluídos da maioria dos ensaios clínicos, o que explica a falta de recomendações específicas para o tratamento deste grupo etário. A presença de vários graus de co-morbilidades nestes doentes leva a disparidades na prestação de cuidados e confere às estimativas de esperança de vida um peso considerável nas decisões terapêuticas. A idade real deve ser considerada em relação à idade fisiológica e à presença ou ausência de defeitos, pois são frequentes as disparidades entre doentes com a mesma idade cronológica. Infelizmente, este grupo etário é, na maioria dos casos, excluído da investigação clínica, tanto para efeitos de rastreio como para o estudo de novos tratamentos. Por conseguinte, não podemos extrapolar os resultados obtidos em estudos que os excluíram inicialmente. De facto, a população idosa apresenta um conjunto de particularidades que podem interferir na gestão terapêutica, desde logo a esperança de vida estimada, os perfis sociais e psicológicos específicos de cada indivíduo e o aumento do número de co-morbilidades. Consequentemente, a toxicidade dos produtos de quimioterapia é aumentada por vários mecanismos :

- Filtração glomerular deficiente.
- Redução do volume do fígado e da atividade enzimática.
- Redução dos volumes de distribuição dos produtos lipossolúveis devido a uma redução da massa muscular e a um aumento relativo da massa gorda.
- Aumento da fração livre dos medicamentos devido a hipoalbuminemia.

Constatamos também que a idade é frequentemente um fator de revisão em baixa da oferta de cuidados, o que parece inaceitável atualmente, tendo em conta o aumento da esperança de vida das mulheres e o desenvolvimento de novas terapêuticas adaptadas e bem toleradas por esta população. As co-morbilidades associadas e o respeito pela vontade e autonomia destas doentes são, pois, os únicos factores a ter em conta na elaboração dos planos de tratamento. Apesar da relação evidente entre a idade e o cancro da mama, o diagnóstico é geralmente feito mais tarde nas pessoas idosas (interesse limitado das mulheres idosas pelo auto-exame ou pela mamografia, acessibilidade dos centros de rastreio, etc.). Em segundo lugar, o cancro da mama apresenta caraterísticas biológicas específicas das pessoas idosas. Por exemplo, há mais tumores com receptores hormonais (estrogénios e progesterona) e a expressão de marcadores biológicos de agressividade (grau, percentagem de células em fase S, mutação p-53 e sobreexpressão de cerb-B2) é menos frequente. Quanto ao tipo histológico do tumor, há uma maior proporção de cancros mucinosos, lobulares ou papilares do que nas mulheres mais jovens. Macroscopicamente, há mais tumores com mais de 5 centímetros e menos envolvimento dos gânglios linfáticos. Regra geral, o cancro da mama nas mulheres idosas parece ser menos agressivo, mas esta população não está imune aos cancros altamente agressivos ou aos cancros inflamatórios. Observações recentes revelam que cerca de 48% das doentes com mais de 70 anos são diagnosticadas numa fase já metastática. Uma vez efectuado o diagnóstico, a principal discussão centra-se na escolha do tratamento adequado. Entre os 35 e os 55 anos, o cancro da mama é a principal causa de morte nas mulheres, ao passo que, a partir dos 70 anos, as doenças cardiovasculares são responsáveis pelo maior número de mortes. Além disso, as pessoas mais velhas são frequentemente mais relutantes em aceitar um regime de tratamento mais agressivo. Assim, na escolha do tratamento a aplicar, é essencial ter em conta factores gerais como a idade fisiológica, as patologias associadas e o nível de autonomia do idoso, para não "sobretratar" uma pessoa que pode desenvolver ou agravar uma patologia grave que se revelará fatal. O objetivo deste estudo é identificar as caraterísticas específicas do tratamento do cancro da mama em doentes com mais de 70 anos

MATERIAIS E MÉTODOS

1. Revisão da literatura

A pesquisa documental foi efectuada entre 01/05/2023 e 15/05/2023.

1.1. Critérios de seleção

Os critérios de seleção dos artigos para a revisão são apresentados a seguir.

Inclusão :

- Artigo de investigação original ou revisão.
- A gestão do cancro da mama nas pessoas idosas.
- Escrito em francês ou inglês.
- Publicado entre 2018 e 2023

Critérios de não-inclusão :

- Publicação que não corresponde a um trabalho de investigação (por exemplo, artigo de ensino) ou método não descrito.
- Estudo centrado apenas num sítio ou sistema específico (por exemplo, Medline)

(por exemplo, Quick Clinical).

1.2. Pesquisar bibliografia

Procurámos dados publicados em várias bases de dados bibliográficas. **PubMed/sciencedirect/** Wiley Online Library/ Springer/Google Scholar**:** Identificámos osMeSH (Medical Subject Headings) relevantes Cancro da mama

Tratamento cancro da mama doentes idosos Cancro do seio doentes idosos

Limitámos a pesquisa a artigos escritos em inglês e francês, publicados entre 01/01/2018 e 15/05/2023.

1.3. Seleção de artigos

Com base nos registos bibliográficos obtidos através da pesquisa nas bases de dados, procedeu-se a uma triagem inicial de acordo com o título e o resumo. As versões em texto integral das publicações potencialmente elegíveis foram recuperadas e foi feita uma primeira seleção de artigos para inclusão. Em segundo lugar, considerámos as referências bibliográficas dos artigos desta primeira seleção (excluindo as publicações já selecionadas). Recuperámos os artigos potencialmente elegíveis e fizemos uma segunda seleção

Não existe qualquer conflito de interesses no nosso trabalho.

DISCUSSÃO

1. Abordagens à tomada de decisões no tratamento do cancro da mama em doentes idosas

A idade cronológica não é, por si só, um biomarcador sólido e os tratamentos normalizados para os doentes mais jovens também devem ser oferecidos aos doentes mais velhos que se considerem suficientemente aptos para os tolerar. Por outro lado, o tratamento agressivo pode ser evitado se o doente tiver maior probabilidade de morrer por outras causas. Apresentamos a árvore de decisão de tratamento na Figura 1, de acordo com a referência das diretrizes da National Comprehensive Cancer Network [1]. Em primeiro lugar, apesar da dificuldade em distinguir os doentes idosos "aptos" dos "vulneráveis" e "frágeis", deve ser oferecido tratamento padrão aos doentes considerados aptos. Em segundo lugar, a esperança de vida do doente idoso deve ser tida em conta na determinação dos tratamentos adequados. |Em segundo lugar, é necessário ter em conta a esperança de vida do doente idoso para determinar os tratamentos adequados. Está disponível uma ferramenta em linha denominada "ePrognosis", que é um modelo de previsão da mortalidade a 10 anos, desenvolvido e validado nos EUA |3]. No Japão, 48,0% das mortes em doentes com cancro da mama com mais de 75 anos não foram específicas do cancro (n = 27.385).

|4]. Por conseguinte, a esperança de vida deve ser tida em conta na escolha das terapêuticas adequadas, mesmo que seja difícil de prever com exatidão. Nos Estados Unidos, o efeito na esperança de vida de um diagnóstico de cancro da mama em mulheres idosas foi também

estudado utilizando a base de dados Medicare Surveillance, Epidemiology and End Results (SEER). Para o efeito, foram comparados dois grupos de sobrevivência, um constituído por 66 000 doentes com cancro da mama ≥67 anos de idade e o outro por controlos com idade, comorbilidade, utilização prévia de mamografia e dados sócio-demográficos equivalentes [5]. Este estudo revelou um resultado contra-intuitivo: as mulheres diagnosticadas com carcinoma ductal in situ (DCIS) ou cancro da mama invasivo em estádio I tinham, na verdade, um risco de morte inferior ao dos controlos (hazard ratio; HR0,7, intervalo de confiança de 95%; IC 0,7-0,7 para DCIS HR 0,8, IC 95% 0,8-0,8 para estádio I). Em contrapartida, o risco de morte foi mais elevado, independentemente da idade, para as doentes no estádio II (HR 1,1, IC 95% 1,0-1,2) e, nos estádios III ou IV, o cancro da mama foi a causa de morte mais comum [5]. Em terceiro lugar, consideramos se a doente pode ou não tolerar o tratamento padrão. Por último, é necessário avaliar os objectivos e valores do doente relativamente à gestão do cancro e se estes são compatíveis com o tratamento oncológico. A gestão de qualquer tipo de cancro apresenta dificuldades particulares nas pessoas idosas e, em muitos casos, o tratamento é recusado devido à idade, embora muitos possam beneficiar se forem utilizados os instrumentos de decisão corretos. Tal como na gestão do cancro na população idosa, uma avaliação geriátrica exaustiva (AGA) é da maior importância[68]. Idealmente, esta avaliação deve incluir um geriatra; no entanto, se tal não for possível, pode ser realizada por um oncologista utilizando orientações amplamente disponíveis e planos de avaliação em linha[69].69] A CGE utiliza o estado funcional em torno das actividades de vida diária do doente (ADLs & IADLS), a avaliação da marcha, o estado visual/auditivo, o estado de desempenho, o estado socioeconómico, o estado psicológico, as pontuações de comorbilidade, o estado nutricional, a polifarmácia e o estado cognitivo[70].[A pontuação do Vulnerable Elders SurveyVES-13, em particular, demonstrou ser capaz de prever o declínio funcional e a morte em doentes com cancro da mama em fase inicial[71], permitindo aos oncologistas adaptar as abordagens de gestão e as decisões de quimioterapia com base nos défices de base. A reconciliação da medicação, tendo em atenção a indicação de cada medicamento, deve ser revista periodicamente de forma crítica para evitar interações medicamentosas adversas.

2. Objetivo do tratamento

O objetivo do tratamento do cancro da mama é obter :

• Controlo loco-regional para evitar a recorrência na mama, na parede ou nos territórios linfáticos.

• Controlo geral da doença para evitar uma recidiva metastática.

• melhores resultados funcionais e estéticos.

• efeitos secundários dos tratamentos propostos para melhorar a qualidade de vida

3. Terapêutica

3.1.Cirurgia

A cirurgia do cancro da mama é a base do tratamento. Os seus objectivos são :

• Remoção do tumor, quer por lumpectomia (tratamento conservador) quer por mastectomia (tratamento radical);

• Para permitir um diagnóstico histológico exato;

• Análise biológica do tumor, incluindo pesquisa de receptores hormonais, medição da fase S e ensaios de marcadores de proliferação celular;

• Análise dos gânglios linfáticos que drenam o tumor (GS, ou gânglios linfáticos axilares). A remoção destes gânglios linfáticos melhora o controlo local da doença e orienta o tratamento posterior;

• Orientar os tratamentos complementares, o que lhe confere um valor prognóstico.

• Minimizar as sequelas estéticas, por vezes combinando a excisão com a cirurgia plástica para deixar uma mama de aspeto normal no caso de um tratamento conservador, ou para efetuar uma reconstrução mamária (imediata ou tardia) no caso de um tratamento radical.

A mortalidade da cirurgia do cancro da mama em mulheres idosas é muito baixa, variando de 0 a 0,3% [6].

Mesmo em idade avançada, a cirurgia padrão deve ser oferecida, dados os benefícios em termos de morbidade e mortalidade e a baixa taxa de complicações pós-cirúrgicas [7, 8].

A idade cronológica avançada foi considerada um fator de mau prognóstico e de previsão em oncologia cirúrgica [72,73].

Em meados dos anos 90, com base na idade funcional, nas co-morbilidades, na diferença de fisiologia, na resposta à anestesia e no stress, os doentes mais velhos eram mais frequentemente recusados a um tratamento cirúrgico adequado do que os doentes mais jovens [74].

3.1.1. **Cirurgia conservadora**

O tratamento conservador é definido como a remoção completa do tumor rodeado por margens de tecido glandular saudável de pelo menos 3 mm. Dependendo dos autores e da extensão das margens, é referido como lumpectomia, lumpectomia alargada, quadrantectomia ou mastectomia parcial [89]. A extensão da lumpectomia deve ser adaptada ao tamanho do tumor e pode ser complementada por recortes. A quadrantectomia implica uma cirurgia mais alargada com uma margem macroscópica mínima de 2 cm, o que na maioria das vezes corresponde à remoção de um quadrante. Não existe um verdadeiro consenso sobre as margens de excisão a atingir durante a lumpectomia, mas a histologia deve confirmar que foi removido tecido saudável. No entanto, tentamos minimizar as sequelas estéticas. Graças à radioterapia local, que reduz o risco de recorrência, o tratamento conservador tornou-se o padrão de ouro para o cancro da mama precoce. As pacientes mais velhas optam frequentemente pela mastectomia em vez da cirurgia conservadora da mama no Japão [9], ao contrário do que acontece noutros países [10, 11]. Em Marrocos, as mulheres com mais de 70 anos preferem a cirurgia conservadora a um procedimento radical [11]. Nos Estados Unidos, a maioria das mulheres idosas opta pela mastectomia por receio de recidiva [75].

A lumpectomia é atualmente o tratamento padrão para os tumores invasivos:

- menos de 30 mm de comprimento, com uma relação volume tumoral/volume mamário que permita uma excisão suficiente e um resultado estético satisfatório;
- visão única ;

- localizado a uma distância da aréola ;

- sem sinais inflamatórios;

- sem um componente intracanal extenso. [12]

3.1.2. **Cirurgia radical**

Classicamente conhecida como mastectomia de Patey, trata-se de uma mastectomia radical modificada descrita por Madden em 1972, com remoção em monobloco da mama, incluindo a bainha de pele e a placa aréolo-mamilar, e curativo axilar dos dois primeiros estádios de Berg, com preservação dos 2 músculos peitorais (ao contrário da histórica operação de Halsted, que sacrificava os 2 músculos peitorais, ou da operação de Patey, que preservava o peitoral maior mas ressecava o peitoral menor) [13].

As regras que regem o recurso à cirurgia são, na maioria dos casos, as mesmas que para as mulheres mais jovens. Assim, a mastectomia está indicada nos tumores de grandes dimensões, nos casos de multifocalidade e nos casos de recidiva após tratamento conservador. Embora as doentes mais velhas e com comorbilidades tenham um maior risco de complicações pós-operatórias, estas não conduzem, por si só, a uma maior mortalidade relativa [14]. Os doentes frágeis que recusam a cirurgia ou que têm comorbilidades limitadoras da vida não são susceptíveis de serem candidatos a cirurgia. De acordo com um estudo apresentado na 12ª Conferência Europeia sobre o Cancro da Mama, as mulheres saudáveis com mais de 70 anos podem beneficiar da cirurgia, enquanto as suas congéneres menos aptas e mais frágeis podem ser tratadas apenas com terapia hormonal oral[79,80].

Embora os dados sejam limitados. A cirurgia para o CDIS (carcinoma ductal in situ) pode ter em conta a esperança de vida e o grau histológico [15]. As doentes saudáveis com DCIS de alto grau devem ser submetidas a cirurgia [16]; para DCIS de grau baixo e intermédio, pode ser considerada a omissão da cirurgia. Em doentes idosas com cancro da mama positivo para o recetor de estrogénio operável, a cirurgia [isolada ou seguida de tamoxifeno (TAM)] foi comparada com TAM isolado na base de dados Cochrane [17,18], não se tendo verificado uma diferença significativa na sobrevivência global, mas uma melhoria significativa na sobrevivência livre de progressão. Subsequentemente, a cirurgia tem sido recomendada em doentes saudáveis com baixas taxas de morbilidade para a gestão do controlo local. Em doentes frágeis ou com tumores localmente avançados, recomenda-se a terapêutica endócrina primária para permitir uma cirurgia menos invasiva. Em doentes idosas com cancro da mama recetor-negativo de hormonas que não são candidatas a cirurgia ou que a recusam, pode ser recomendada a observação em vez da quimioterapia, especialmente em casos assintomáticos, até ao aparecimento de sintomas locais ou até que se prevejam problemas relacionados com o cancro, embora existam poucos dados para apoiar esta recomendação. Nestes casos, pode ser oferecida uma terapia local paliativa alternativa, remoção não cirúrgica ou irradiação, em vez de apenas conservação para controlo local. A reconstrução pode ser proposta se o doente assim o desejar, embora as vantagens e desvantagens de procedimentos complexos ou mais simples devam ser avaliadas e discutidas com os doentes [19].

3.1.3. Cirurgia de gânglios linfáticos

• Cirurgia axilar :

A pesquisa de gânglios linfáticos é parte integrante da cirurgia do cancro da mama. O seu principal objetivo é permitir a análise histológica dos gânglios linfáticos, a fim de estabelecer o prognóstico e a estratégia terapêutica subsequente. Também ajuda a reduzir o risco de recidiva axilar através da remoção de gânglios linfáticos metastáticos.

A dissecção dos gânglios linfáticos é sistemática para todos os tumores invasivos. É prática corrente efetuar a dissecção dos gânglios linfáticos axilares com pelo menos 10 gânglios linfáticos, incluindo os níveis I (subpeitoral) e II (retropeitoral) de Berg. [13]

Vários autores notaram que a indicação para a curetagem de gânglios linfáticos diminui com o avançar da idade, em comparação com os doentes mais jovens [20]. De facto, Pappo verificou que apenas 15,1% dos procedimentos de curetagem de gânglios linfáticos foram realizados em doentes com mais de 70 anos, em comparação com 30,3% em doentes mais jovens [21]. Foram apontadas várias razões para este facto, incluindo um aumento da morbilidade pós-operatória e a maior prescrição de terapêutica hormonal nas mulheres idosas, dada a elevada taxa de receptores hormonais positivos neste grupo etário. Dada a morbilidade da dissecção dos gânglios linfáticos axilares (linfedema, rigidez do ombro, perturbações sensoriais, etc.), pareceu necessário encontrar uma alternativa que fornecesse a mesma informação sobre a possível invasão metastática dos gânglios linfáticos, mas com menos consequências. Isto levou ao desenvolvimento do conceito de gânglio linfático sentinela.

• Nódulo sentinela :

A técnica do gânglio linfático sentinela (SLN) para o cancro da mama foi descrita pela primeira vez em 1993 por Krag e Weaver. A técnica do gânglio sentinela permite oferecer um tratamento conservador dos gânglios linfáticos axilares em doentes com cancro da mama de pequenas dimensões. O princípio da técnica consiste em remover apenas um gânglio linfático, designado por gânglio "sentinela", que reflecte de forma fiável o estado linfonodal da axila. Para localizar este gânglio, este deve ser previamente marcado com um produto linfofílico (corante e/ou isótopo). Foram propostos três métodos de deteção: colorimétrico, isotópico ou combinado. O principal objetivo é reduzir a morbilidade do membro superior associada à dissecção dos gânglios linfáticos axilares [22]. Se for negativo, a dissecção linfonodal não é efectuada, enquanto a invasão linfonodal indica a necessidade de dissecção linfonodal adicional.

Esta técnica está indicada, com o consentimento informado do paciente, nos seguintes casos:

- sem envolvimento clínico axilar: N0 ;
- Tumor T1 pequeno (< 2 cm), palpável ou não
- tumor unifocal ;
- cancro invasivo diagnosticado antes da cirurgia
- sem quimioterapia neoadjuvante ou irradiação inicial ;
- mama e axila que não tenham sido objeto de cirurgia prévia. [22]

O valor prognóstico do gânglio linfático sentinela é comparável em mulheres mais velhas e mais jovens [23].

a Society of Surgical Oncology recomenda que a biópsia do gânglio sentinela não seja realizada por rotina em doentes com idade igual ou superior a 70 anos com cancro da mama clinicamente negativo para os receptores hormonais, com base em provas de que a cirurgia axilar nesta população não afecta o resultado [24] em doentes frágeis com sobrevivência limitada, nem a técnica do gânglio sentinela nem a dissecção axilar podem ser sempre necessárias, particularmente nas doentes com cancro da mama clinicamente negativo para os receptores hormonais. A biópsia do gânglio linfático sentinela em mulheres com mais de 70 anos com cancro da mama inicial HER-2-negativo e recetor hormonal positivo não é recomendada pela campanha Choosing Wisely e pela Society of Surgical Oncology, uma vez que não é provável que altere a gestão [76,77]. Por outro lado, em doentes idosas saudáveis, a técnica do gânglio sentinela pode ser aceitável porque é um procedimento cirúrgico minimamente invasivo e porque se espera que a esperança de vida seja maior.

Martelli et al [83] demonstraram na sua publicação que não havia benefício na cirurgia axilar em doentes idosas com cancro da mama em fase inicial, cujos nódulos são clinicamente negativos, em termos de mortalidade por cancro da mama. Foram mais longe e afirmaram que mesmo a biopsia do gânglio sentinela podia ser abandonada. A sua conclusão final foi que a cirurgia axilar deve ser limitada ao pequeno número de doentes que mais tarde desenvolvem doença axilar evidente. Além disso, Boughey [84] et al. afirmaram na sua publicação que pode ter chegado o momento de parar completamente o estadiamento cirúrgico da axila em mulheres com receptores hormonais positivos com mais de 70 anos.

3.1.4. Cirurgia oncoplástica e reconstrução mamária

A combinação da cirurgia plástica e da cirurgia oncológica permitiu progressos consideráveis no tratamento do cancro da mama, daí a nova terminologia de cirurgia oncoplástica. As diferentes técnicas permitiram melhorar os resultados estéticos e tendem a alargar as indicações do tratamento conservador. O contributo destas técnicas permite propor sistematicamente, em caso de mastectomia, uma reconstrução imediata ou diferida e, em caso de tratamento conservador, uma reconstrução :

- ressecções amplas
- reduzir a taxa de recidivas locais
- melhorar os resultados estéticos
- alargar as indicações de tratamento conservador às lesões previamente tratadas por mastectomia.

No que diz respeito às amputações mamárias, é atualmente permitido propor a reconstrução mamária. Esta não altera a vigilância carcinológica da doente, não aumenta o risco de recidiva local ou metastática e permite às mulheres mastectomizadas recuperar a sua integridade corporal e reduzir o impacto psicológico desta mutilação. Inicialmente efectuada à distância da mastectomia (reconstrução mamária secundária), é cada vez mais realizada imediatamente, no mesmo momento da operação (reconstrução mamária imediata), sendo particularmente indicada para as mulheres que não irão fazer radioterapia pós-operatória. O domínio de todas as técnicas de reconstrução é um pré-requisito essencial para poder oferecer a cada paciente a solução individual mais adequada ao seu quadro clínico e às suas necessidades [25].

A reconstrução pode ser oferecida se o doente assim o desejar, embora as vantagens e desvantagens de procedimentos complexos versus procedimentos mais simples devam ser avaliadas e discutidas com os doentes. [26].

3.1.5. Complicações

As complicações da cirurgia loco-regional da mama estão essencialmente relacionadas com a dissecção linfonodal. Estas complicações não são mais frequentes nas mulheres mais velhas do que nas mais jovens, como confirmado por Djordjevic [27] e August [28] que encontraram 35% de complicações em pacientes mais jovens em comparação com 25% em pacientes mais velhas. Estas complicações eram menores. Foram principalmente superinfecções da ferida e linfoceles.

- Peroperatório :
  - Ferida da veia axilar
  - Transecção do nervo serrátil maior ou do nervo dorsal maior
  - Secção do pedículo inferior da escápula, contra-indicando a reconstrução com um retalho dorsal maior
- Pós-operatório imediato :

-Linforréia e linfocele: são comuns e só constituem uma complicação quando são prolongadas. Nenhuma medida preventiva é certa. Pode ser necessário efetuar punções após a retirada dos drenos.

-Infecções do parietal ou linforreia.

-Perturbações sensoriais do tórax e da parte interna do braço.

• Pós-operatório tardio :

São responsáveis pela maior parte da morbilidade associada à axillectomia.

-Linfedema: a sua frequência é estimada em 2 a 20% [29]. Técnicas modernas e mais conservadoras tendem a reduzir sua freqüência. É mais frequente nos casos de radiocirurgia combinada na fossa axilar.
-A linfangite desencadeada por uma lesão do membro superior deve ser tratada sem demora.
-Rigidez do ombro que pode ser evitada com uma boa fisioterapia.

Há provas de que as mulheres com 80 anos ou mais toleram bem a cirurgia do cancro da mama em geral, com baixas taxas de complicações, dependendo das suas comorbilidades. O atraso na cicatrização foi a única complicação registada em 6% dos casos num estudo com 129 mulheres com 80 anos ou mais. Trinta e dois por cento foram submetidas a mastectomia simples, 27% a conservação da mama e 6% a dissecção axilar [78].

3.2. Radioterapia

A radioterapia desempenha um papel importante na otimização do controlo loco-regional, em particular desde o advento do tratamento conservador. É mais frequentemente associada à cirurgia como tratamento pós-operatório ou, excecionalmente, pode ser utilizada em exclusivo. É consistentemente eficaz independentemente da idade, mas mais ainda no caso de factores significativos na recorrência loco-regional, em particular a invasão dos gânglios linfáticos axilares. No entanto, a irradiação dos idosos deve ser considerada sob dois ângulos complementares, um relativo às indicações absolutas para a radioterapia e o outro relativo à tolerância imediata ou retardada da irradiação. Ao contrário da cirurgia, não existem contra-indicações absolutas para a radioterapia. No entanto, as perturbações mentais e as alterações profundas do estado geral podem impedir o tratamento. Existem duas restrições principais nos doentes idosos:

A radioterapia exige um nível mínimo de cooperação do doente na preparação do tratamento e durante o mesmo. A manutenção de uma posição imóvel, geralmente em decúbito dorsal, é essencial para a qualidade do tratamento, que exige uma boa reprodutibilidade dos parâmetros de radiação de uma sessão para a outra. Isto significa que um comprometimento significativo das funções superiores ou perturbações neurológicas importantes afectam inevitavelmente a qualidade do tratamento.

• A irradiação convencional (8 a 10 Gy por semana durante 4 a 5 semanas) provoca frequentemente astenia física e psíquica nos doentes idosos, que é tanto mais acentuada quanto mais longe se encontrarem do centro de tratamento.

Por este motivo, os regimes de radioterapia hipofraccionada podem ser utilizados para facilitar a irradiação das idosas, nomeadamente em caso de comorbilidades, uma vez que a mulher idosa não terá tempo para desenvolver complicações. O estudo Courdi avaliou os regimes de radioterapia hipofraccionada e a hormonoterapia em 115 mulheres com uma idade média de 83 anos para as quais a cirurgia não estava indicada devido a recusa, tumor localmente avançado ou co-morbilidades. A sobrevivência livre de recidiva a 5 anos foi de 78%, levando os autores a considerar a hormonoterapia e a radioterapia hipofraccionada como alternativas à cirurgia em doentes que recusaram a cirurgia ou os regimes de irradiação convencionais [30].

As técnicas de irradiação parcial baseiam-se no facto de a maioria das recidivas locais ocorrerem perto do tumor inicial, mas ainda estão a ser avaliadas. A tolerância loco-regional à irradiação não é diferente da das mulheres mais jovens. As precauções relativas aos cuidados dermatológicos são idênticas, com especial atenção para as zonas de dobras e para o sulco mamário nas doentes com mamas frequentemente pendulares [31]. Em suma, qualquer pessoa idosa em bom estado geral deve beneficiar de uma radioterapia suplementar em função das indicações habituais, uma vez que um tratamento inadequado tem um efeito adverso a longo prazo na sobrevivência. A radioterapia (RT) é geralmente bem tolerada e é também recomendada para as mulheres idosas [32]. É de notar que o risco de recorrência local é menor nas mulheres idosas e que os benefícios da RT após tratamento conservador diminuem com a idade [33]. No ensaio aleatório controlado para doentes idosas com cancro da mama precoce com recetor hormonal positivo, a RT após cirurgia conservadora pode ser omitida [34]. No Japão, 41,3% de mais de 12 000 doentes com idade igual ou superior a 75 anos, submetidas a tratamento conservador, receberam RT [35]. Por outro lado, em doentes idosas com cancro da mama de alto risco, a RT da mama pode ter um efeito benéfico significativo na sobrevivência sem recidiva [36].

Num ensaio aleatório (CALGB 9343) de mulheres com 70 anos ou mais com tumores T1N0M0, a taxa de recorrência loco-regional após a conservação da mama foi de 10% nas mulheres que receberam apenas tamoxifeno, em comparação com 2% nas que receberam tamoxifeno mais radioterapia [81]. Uma revisão sistemática e meta-análise de Chesney et al [85] demonstrou a superioridade da combinação de radioterapia e tamoxifeno em relação ao tamoxifeno isolado. Concluíram que, em doentes com mais de 70 anos, a radioterapia reduz o risco de recidiva mamária e axilar, mas não tem impacto na recidiva à distância ou na sobrevivência global do cancro da mama precoce tratado com cirurgia conservadora da mama e tamoxifeno. A radioterapia intra-operatória também foi estudada e Vaidya et al [86] publicaram recentemente um ensaio aleatório controlado de maiores dimensões que compara a radioterapia intra-operatória orientada (TARGIT) com a radioterapia pós-operatória convencional após cirurgia conservadora da mama em mulheres com cancro da mama inicial. Os autores referiram que, em doentes com cancro da mama com mais de 45 anos de idade e carcinoma ductal invasivo sensível às hormonas com menos ou igual a 3,5 cm de dimensão, a TARGIT, combinada com a lumpectomia no âmbito de uma abordagem adaptada ao risco, é tão eficaz, mais segura e menos dispendiosa do que a radioterapia pós-operatória. A radioterapia pós-mastectomia com um a três gânglios positivos continua a ser controversa e a tomada de decisão pode então ser orientada pela idade, esperança de vida, comorbilidades, carga tumoral e biologia relevantes [37]. Em suma, qualquer doente idosa em estado geral satisfatório deve poder beneficiar de radioterapia adicional, dependendo das indicações gerais [38]. Um tratamento inadequado tem um efeito adverso a longo prazo na sobrevivência [39, 40]. O benefício da radioterapia é maior para as mulheres com menos de 50 anos, mas continua a ser significativo mesmo para as mulheres com mais de 70 anos (redução do risco de 13% para 3%) [41].

A RT primária sem cirurgia ou quimioterapia em doentes idosos não aptos pode ser uma opção, com alguns dados retrospectivos que sugerem um controlo local duradouro com doses superiores a 60 Gy.

[82].

3.3. Terapia adjuvante sistémica para doentes idosos

3.3.1. Cancro da mama HER2-negativo (tipo luminal e tipo triplo negativo)

O cancro da mama luminal (RH+/HER2-) representa 70,0% dos cancros da mama em doentes com mais de 75 anos e 64,1% nos doentes com idades compreendidas entre os 55 e os 64 anos [35]. O cancro da mama triplo-negativo (RH-/HER2-) representa 14,4% de todos os cancros da mama em doentes com mais de 75 anos e 13,6% nos doentes com idades compreendidas entre os 55 e os 64 anos [35]. No estudo japonês [16] de doentes em estádio II/III, apenas 9,2% dos doentes com mais de 75 anos receberam quimioterapia para a doença luminal, enquanto 32,9% receberam quimioterapia para a doença triplo-negativa [42]

Em ensaios aleatorizados com doentes mais velhos, os regimes padrão de ciclofosfamida, metotrexato e fluorouracilo (CMF) ou doxorrubicina mais ciclofosfamida (AC) foram superiores à capecitabina, pelo que foram recomendados para doentes mais velhos com cancro da mama HER2-negativo [43,44]. À semelhança de outros ensaios clínicos aleatórios, o docetaxel mais ciclofosfamida (CT) foi superior à AC tanto em doentes mais velhos como em doentes mais jovens, com perfis de acontecimentos adversos toleráveis, embora os doentes mais velhos tenham sofrido mais neutropenia febril com CT e mais anemia com AC [45. 46] Os dados retrospectivos da National Cancer Database (NCDB) dos EUA indicam que o efeito da adição de quimioterapia ao tratamento local com a técnica do gânglio sentinela em mulheres idosas com cancro da mama triplo-negativo é significativamente benéfico para a administração de quimioterapia após o ajustamento para o peso, a comorbilidade e os factores tumorais, utilizando a análise de correspondência de propensão [47] Isto poderia tornar possível considerar a quimioterapia no tratamento de doentes com idade igual ou superior a 70 anos com cancro da mama luminal de alto risco ou cancro da mama triplo-negativo.

3.3.2. Escore de recorrência no cancro da mama em idosos

Para identificar os doentes susceptíveis de beneficiar de quimioterapia no cancro luminal, tem sido utilizada a pontuação de recorrência de 21 genes (RS) para tomar decisões de tratamento mais informadas [48]. O teste RS foi validado através da inclusão de doentes idosos, embora mesmo num grande estudo de validação, o ensaio TAILORx para cancros com nódulos negativos, apenas 7% dos doentes tinham mais de 70 anos na coorte de baixo risco e 4% na coorte de risco intermédio [49] e no ensaio RxPONDER para cancros com nódulos positivos, apenas 12% dos doentes tinham mais de 70 anos [50]. Na base de dados SEER dos EUA, entre 147 107 doentes com idade igual ou superior a 70 anos (coorte idosa) com cancro da mama RH positivo, 11 476 doentes () foram submetidas a testes de RS, em comparação com 67 191 (18%) em doentes com idades compreendidas entre os 18 e os 69 anos (coorte jovem) (P<0,001) [51]. Na coorte mais idosa, 1824 doentes (16%) apresentavam RS de alto risco, das quais 489 doentes (52%) receberam quimioterapia, em comparação com 73% na coorte mais jovem [51]. Embora, se a doente for demasiado frágil para receber quimioterapia, o teste de RS possa ser desnecessário, uma vez que não alteraria a gestão clínica, o benefício da quimioterapia ajudaria a determinar a eficácia das modalidades de tratamento e poderia ajudar a orientar a tomada de decisões partilhadas em doentes idosos saudáveis ou vulneráveis.

3.3.3. Cancro da mama HER2-positivo

No Japão, a incidência de cancro da mama enriquecido com HER2 (RH-/HER2+) é de 5,4% nas doentes com mais de 75 anos, 9,8% nas doentes com 55-64 anos e 5,3% nas doentes com mais de 75 anos e 8,3% nas doentes com 55-64 anos para o cancro da mama luminal-HER2 (RH+/HER2+) [9]. As terapêuticas anti-HER2 são o padrão de tratamento em doentes idosas, por exemplo, trastuzumab [52, 53], pertuzumab [54] e trastuzumab emtansine (T-DM1) [55], embora os dados específicos para doentes idosas sejam escassos devido à sua sub-representação nos ensaios clínicos. Para além das quimioterapias, continua a ser importante demonstrar que estas são benéficas para os doentes idosos, sem a toxicidade causada pela quimioterapia. Para tal, foi realizado um ensaio clínico aleatório para investigar a monoterapia com trastuzumab versus uma combinação de trastuzumab e quimioterapia em mulheres com 70 anos ou mais com cancro da mama primário HER2-positivo no Japão (estudo RESPECT, NCT01104935Fig. 2) [56] A hipótese inicial era que a monoterapia com trastuzumab não seria significativamente inferior ao trastuzumab combinado com quimioterapia em termos de sobrevivência. (DFS) e, ao mesmo tempo, superior em termos de segurança e qualidade de vida. No entanto, o objetivo primário de não inferioridade da monoterapia não foi alcançado em termos de HR, embora a redução da sobrevivência livre de quimioterapia em comparação com a terapia combinada tenha sido pequena. Concluiu-se, portanto, que, dada a menor toxicidade e o bom perfil de QVRS, a monoterapia com trastuzumab pode ser uma opção viável para o tratamento adjuvante em mulheres idosas selecionadas com cancro da mama [56] O T-DM1 é um conjugado anticorpo-fármaco que combina as propriedades HER2 do trastuzumab com a atividade citotóxica do agente inibidor de microtúbulos DM1. Quando testado no ensaio fundamental KATHERINE de T-DM1 adjuvante em doentes com cancro da mama inicial HER2-positivo e doença invasiva residual após a conclusão da terapêutica neoadjuvante, foi registado um risco significativamente reduzido de sobrevivência livre de doença em comparação com o trastuzumab isolado [57]. É de notar que, das 743 doentes inscritas no ensaio, apenas 126 tinham mais de 65 anos de idade e o HR foi de 0,55 (IC 95%: 0,22-1,34).

3.4.Quimioterapia

As mulheres idosas com cancro da mama estão sub-representadas nos ensaios clínicos, e os dados sobre os efeitos da quimioterapia adjuvante nestas doentes são escassos. Os oncologistas receiam frequentemente que as mulheres mais velhas não consigam tolerar uma quimioterapia mais intensiva e, por conseguinte, nem sempre recebam cuidados de acordo com as diretrizes de tratamento; estas deficiências podem ter um impacto negativo na sobrevivência [88]. Embora a quimioterapia adjuvante tenha melhorado a sobrevivência das mulheres com cancro da mama inicial [89], a análise de 15 anos do Oxford Overview incluiu um número demasiado reduzido de doentes com mais de 70 anos para avaliar com precisão o efeito da quimioterapia nesta idade. As mulheres idosas saudáveis com cancro da mama podem tolerar a quimioterapia tão bem como as doentes mais jovens [90] e as toxicidades mais graves da quimioterapia em doentes mais velhas não afectaram significativamente os benefícios da quimioterapia adjuvante [91]. Estão disponíveis várias ferramentas de avaliação da toxicidade da quimioterapia para fornecer uma estimativa da toxicidade esperada dos regimes de quimioterapia em doentes idosos, incluindo a Chemotherapy Risk Assessment Scale for Elderly Patients (CRASH)[92] e as calculadoras de toxicidade da quimioterapia CARG[93].

A função cardíaca (antraciclinas, trastuzumab), a neuropatia (taxanos), a função renal e a mielodisplasia (antraciclinas) são co-morbilidades importantes a considerar antes de escolher as opções de quimioterapia. Para as mulheres idosas em bom estado de saúde que são candidatas a quimioterapia adjuvante, a combinação de CMF (Cytoxan, metotrexato, 5-fluorouracil [5FU]) continua a ser o regime mais utilizado, mas geralmente não é bem tolerado. A substituição do 5FU por um agente oral, a capecitabina, não demonstrou ser eficaz na prevenção de recaídas [94]. O regime padrão de primeira linha de doxorrubicina mais ciclofosfamida (AC) não é geralmente uma opção para doentes idosos devido à cardiotoxicidade relacionada com as antraciclinas. Os taxanos, como o nab-paclitaxel ou o docetaxel mais citofosfamida (CT), são geralmente bem tolerados, e 4 ciclos de regime adjuvante de CT são mais bem tolerados do que o regime AC em doentes idosos e jovens, com mais neutropenia febril mas menos anemia [95]. As toxicidades hematológicas que levam a atrasos nas doses, interrupções e hospitalizações continuam a ser um problema nos doentes idosos que recebem quimioterapia citotóxica. A utilização do score de recorrência de 21 genes (Oncotype dx score) para orientar as decisões de quimioterapia está bem estabelecida em doentes com cancro da mama em fase inicial com nódulos negativos e RH positivo. No entanto, este score não está bem validado em doentes idosas. A utilização de quimioterapia não foi associada a uma melhor sobrevivência em doentes idosas do que em doentes mais jovens com uma pontuação Oncotype dx de alto risco num estudo da base de dados SEER (Surveillance, Epidemiology, and End Results) [96], que incluiu uma pequena proporção de doentes idosas. Alguns especialistas recomendam a adição de quimioterapia para doentes com caraterísticas de alto risco e uma esperança de vida superior a 5 anos [97]. Os agentes HER-2-targeted demonstraram melhorar a sobrevivência em doentes com cancro da mama com amplificação de HER-2; no entanto, todos os ensaios principais estavam sub-representados em doentes com mais de 65 anos de idade. O ensaio NSABP-31, que comparou AC/T trastuzumab, tinha aproximadamente 16% de doentes com mais de 60 anos, com uma melhoria significativa da sobrevivência livre de doença em todos os grupos etários [98]. Uma revisão sistemática registou uma redução do risco relativo de 47% com a utilização de trastuzumab em doentes com mais de 60 anos de idade, mas uma taxa de 5% de cardiotoxicidade clinicamente significativa em doentes que receberam trastuzumab [99].70 anos que receberam trastuzumab, mas foram associados à utilização concomitante de antraciclinas [100]. De um modo geral, existem boas provas de que a quimioterapia adjuvante ou neoadjuvante prolonga a sobrevivência em doentes idosas com cancro da mama. O modelo PREDICT baseado no Reino Unido e o Adjuvant! Online, baseados no Reino Unido, fornecem estimativas de sobrevivência a 5 e 10 anos do benefício da adição de quimioterapia, terapia endócrina ou terapia orientada para o HER-2, com base numa série de factores demográficos e clínicos [101,102].

3.5. Tratamento sistémico para doentes idosas com cancro da mama metastático

Embora os princípios de tratamento dos doentes idosos sejam semelhantes aos dos doentes mais jovens, as diferenças residem na curta esperança de vida, em algumas co-morbilidades, nas interações medicamentosas e no estado funcional relativamente fraco. Os objectivos do tratamento do cancro da mama metastático são controlar o cancro durante o máximo de tempo possível e manter o nível funcional e a qualidade de vida no trabalho como nos doentes mais jovens [58]. É útil fazer um exame completo para avaliar a doença e estabelecer um plano de tratamento individualizado, tal como descrito na secção seguinte.

Em doentes com cancro da mama metastático RH-positivo, a primeira escolha é a terapia endócrina, que tem menos toxicidade e uma boa qualidade de vida. A combinação de um inibidor da quinase dependente da ciclina 4/6 é também eficaz e provavelmente segura em doentes mais velhos [59]. A quimioterapia também está a ser considerada para os doentes idosos com doença visceral que ameaça a vida ou que progride rapidamente. Quando se utiliza a quimioterapia em doentes idosos, é necessário monitorizar a toxicidade e ajustar as doses [60]

Em doentes com cancro da mama triplo-negativo metastático, a quimioterapia pode ser considerada para aquelas com sintomas de progressão rápida ou doença visceral. A quimioterapia citotóxica sequencial de agente único pode ser proposta com um ajuste cuidadoso da dose em função da toxicidade, uma vez que existe a preocupação de uma disfunção orgânica iminente nos doentes idosos. Nos doentes cujo tumor expressa o ligando 1 de morte celular programada (PD-L1), a adição de um inibidor do ponto de controlo imunitário à quimioterapia foi recomendada em vez da quimioterapia isolada, embora as recomendações baseadas em provas sejam limitadas nos doentes idosos. O pembrolizumab está aprovado em combinação com quimioterapia (nab- paclitaxel, paclitaxel orgemcitabina-plus-carboplatina), para doentes cujos tumores expressam PD-L1 com uma pontuação positiva combinada ≥ 10[61]

O Atezolizumabis foi também aprovado no Japão em combinação com nab-paclitaxel para doentes cujos tumores expressam PD-L1 com uma pontuação positiva combinada de≥ 1% [62]. Nestes ensaios fundamentais, o recrutamento de doentes idosos foi limitado. Embora o declínio do sistema imunitário associado à idade ou a imunosenescência possam alterar a eficácia da imunoterapia, a análise conjunta de doentes japoneses idosos com cancro do pulmão de células não pequenas avançado positivo para PD-L1 indicou que os resultados de eficácia e segurança com pembrolizumab eram semelhantes aos da população em geral [63]. Em segundo lugar, poderia ser proposto um inibidor do ponto de controlo imunitário a doentes idosas com cancro da mama triplo-negativo PD-L1-positivo, se a doente puder receber quimioterapia padrão, embora sejam necessários dados reais sobre esta população.

Em doentes com cancro da mama metastático HER2-positivo, a quimioterapia combinada com terapêuticas anti-HER2 é o tratamento padrão, independentemente da idade [64]. No caso das doentes idosas, o benefício dos regimes de primeira linha à base de trastuzumab foi demonstrado no estudo RegistHER, que foi um grande estudo observacional que incluiu mulheres com 65 anos ou mais, em comparação com mulheres que não receberam trastuzumab. O tratamento com trastuzumab foi associado a uma melhoria significativa da PFS, embora a OS não tenha sido significativamente diferente [65]. Nos doentes idosos, a questão é saber se podem ou não receber quimioterapia padrão com terapias direcionadas anti-HER2. Em doentes idosos, pode ser difícil manter uma intensidade suficiente da dose padrão de quimioterapia devido a acontecimentos adversos graves, em particular a quimioterapia padrão. Por outro lado, a T-DM1 pode ser viável e eficaz em doentes idosas, como já foi referido [54]. Em segundo lugar, no Japão, foi realizado um ensaio controlado e aleatório, que está atualmente a ser recrutado, para estudar o trastuzumab, o pertuzumab e o docetaxel versus a T-DM1 em doentes com idade igual ou superior a 65 anos com cancro da mama avançado HER2-positivo [Japan Clinical Oncology Group (JCOG)1607 HERB TEA study; UMIN000030783, Fig. Antes do início deste estudo, foi realizado um inquérito aos médicos japoneses sobre a dose inicial de docetaxel, tendo a maioria recomendado 60 mg/m2 para mulheres com 75 anos ou mais [66]. O endpoint primário foi OS para confirmar a não inferioridade do T-DM1 com menos toxicidades. No que diz respeito a outro regime menos tóxico, um estudo prospetivo de fase II confirmou o benefício da adição de quimioterapia metronómica (ciclofosfamida oral 50 mg por dia) ao pertuzumab mais trastuzumab em mulheres idosas com um perfil de segurança aceitável (EORTC 75111- 10114) [67].

4. Considerações sobre cuidados Apoio

A saúde óssea é de extrema importância na população idosa e é ainda mais importante tendo em conta os riscos associados às metástases ósseas do cancro da mama e à perda óssea relacionada com o tratamento. A inibição dos osteoclastos reduz significativamente o risco de eventos relacionados com o esqueleto nas mulheres com metástases ósseas; a escolha do agente (ou seja, um bifosfonato ou denosumab) depende de muitos factores. O equilíbrio entre o risco de prevenção de fracturas relacionadas com a osteoporose através da utilização de bifosfonatos e o risco adicional de fracturas atípicas deve ser cuidadosamente considerado [87].

Existem ainda muitas outras áreas de apoio de que um doente oncológico oncogeriátrico pode necessitar para manter a melhor qualidade de vida possível. As quedas através de equipamento médico duradouro e de avaliações da segurança no domicílio, a gestão das náuseas e dos vómitos, a análise frequente da polifarmácia e a redução do número de comprimidos são apenas algumas das medidas úteis mais importantes. O envolvimento precoce dos cuidados paliativos pode ser essencial para as doentes mais velhas com cancro da mama avançado/metastático que têm um historial pobre de utilização dos serviços de saúde.

Em suma, as doentes idosas com cancro da mama representam um desafio único e uma oportunidade para prestar os melhores cuidados possíveis em conformidade com os seus objectivos. Como disseram Mahatma Gandhi e Arti Hurria, que defenderam os doentes geriátricos, "a verdadeira medida de uma sociedade é a forma como trata os seus membros mais vulneráveis". As doentes idosas com cancro da mama precisam do máximo de cuidados, empatia, amor e apoio competente para ultrapassar esta doença miserável durante os anos de outono das suas vidas.

CONCLUSÃO

Não há dúvida de que, com o aumento da esperança de vida, as doentes idosas necessitam de uma nova abordagem para o tratamento do seu cancro da mama. O subtratamento de doentes idosas com cancro da mama é arriscado quando se baseia apenas na idade cronológica, e a manipulação hormonal por si só pode levar à resistência ao tratamento. Por conseguinte, cada cancro da mama em idosos deve ser devidamente avaliado e todas as opções de tratamento disponíveis devem ser oferecidas às doentes em conformidade, a menos que existam contra-indicações. O tratamento caso a caso neste grupo etário seria mais adequado em função da avaliação, das co-morbilidades e dos desejos da doente. Além disso, os doentes idosos devem ser tidos em conta nos ensaios clínicos, uma vez que, até à data, têm sido muito pouco representados. Estes ensaios são importantes para analisar o tratamento e a resposta neste grupo etário e para melhorar as modalidades de tratamento para estes doentes. Por outro lado, é preciso garantir que não se expõem os doentes idosos frágeis aos efeitos secundários dos tratamentos, nomeadamente da quimioterapia, se os riscos forem superiores aos benefícios em termos de sobrevivência. As reuniões multidisciplinares devem agora incorporar ferramentas como o ePrognosis e o Índice de Charlson na tomada de decisões para maximizar os benefícios de sobrevivência para estes doentes. Entretanto, é necessária uma mudança de paradigma nas doentes idosas com cancro da mama para minimizar o subtratamento e maximizar a sobrevivência.

REFERÊNCIAS

1-Older Adult Oncology Versão: 1.2021. NCCN Clinical Practice Guidelines in Oncology (NCCN guidelines®) https://www.nccn.org/guideli nes/guidelines detail?category=4&id=1452 (4 de janeiro de 2022, data do último acesso)

2Extermann M, Brain E, Canin B, et al. Prioridades para o avanço global dos cuidados para adultos mais velhos com cancro: uma atualização da Iniciativa de Prioridades da Sociedade Internacional de Oncologia Geriátrica. Lancet Oncol 2021;22:e29-36

3ePrognosis; Estimating Prognosis for Elders. https://eprognosisucsfedu/ (24 de janeiro de 2022, data do último acesso)

4Sawaki M, Yamada A, Kumamaru H, et al. Caraterísticas clinicopatológicas, tratamentos práticos, prognóstico e questões clínicas de pacientes com câncer de mama mais velhos no Japão. Breast Cancer 2021;28:1-8Sawaki M, Yamada A, Kumamaru H, et al. Caraterísticas clinicopatológicas, tratamentos práticos, prognóstico e questões clínicas de pacientes mais velhas com cancro da mama no Japão. Cancro da Mama 2021;28:1-8

5Schonberg MA, Marcantonio ER, Ngo L, Li D, Silliman RA, McCarthy EP. Causas de morte e sobrevivência relativa de mulheres idosas após um diagnóstico de cancro da mama. J Clin Oncol 2011;29:1570-7

6HURRIA A, COHEN A-J Practical geriatric oncology. Cambridge University press; 2010;p3- 109

7Audisio RA, Pope D, Ramesh HS, et al. Vamos operar? A avaliação pré-operatória em doentes idosos com cancro (PACE) pode ajudar. Um estudo prospetivo do grupo de trabalho cirúrgico do SIOG. Crit Rev Oncol Hematol 2008;65:156-63.
8. Crivellari D, Aapro M, Leonard R, et al. Breast cancer in the elderly. J Clin Oncol 2007;25:1882-90

9Sawaki M, Yamada A, Kumamaru H, et al. Caraterísticas clinicopatológicas, tratamentos práticos, prognóstico e questões clínicas de pacientes mais velhas com cancro da mama no Japão. Cancro da Mama 2021;28:1-8

10Crivellari D, Aapro M, Leonard R, et al. Breast cancer in the elderly (Cancro da mama nos idosos). J Clin Oncol 2007;25:1882-90.

11. Sandison AJ, Gold DM, Wright P, Jones PA. Breast conservation or mastectomy: treatment choice of women aged 70 years and older. Br J Surg 1996;83:994-6.
12COTHIER-SAVEY I, RIMAREIX F, BELICHARD C. Princípios gerais da cirurgia oncoplástica e da reconstrução mamária imediata e diferida. Encicl. Med. Chir (Elsevier, Paris), Ginecologia; 871-A-25, 2002, 14p

13CLOUGH K-B, HEITZ D, SALMON R-J. Cirurgia loco-regional para cancro da mama Encycl. Med. Chir (Elsevier, Paris), Ginecologia ;41-970, 2003, 15p
14e Glas NA, Kiderlen M, Bastiaannet E, et al. Complicações pós-operatórias e sobrevivência de doentes idosas com cancro da mama: uma análise do estudo FOCUS. Breast Cancer Res Treat 2013;138:561-9

15Ward EP, Weiss A, Blair SL. Incidência e tratamentos de DCIS em

octogenários: o grau é importante. Tratamento do Cancro da Mama 2017;165:403-9
16Jornal Japonês de Oncologia Clínica, 2022, 52(7)682-689 https://doi.org/10.1093/jjco/hyac054 Data de Publicação de Acesso Antecipado: 23 de abril de 2022 Artigo de Revisão

17Hind D, Wyld L, Beverley CB, Reed MW. Cirurgia versus terapia endócrina primária para cancro da mama primário operável em mulheres idosas (mais de 70 anos). Cochrane Database Syst Rev 2006;1:CD004272.
18. Hind D, Wyld L, Reed MW. Surgery, with or without tamoxifen, vs tamoxifen alone for older women with operable breast cancer: cochrane review. Br J Cancer 2007;96:1025-9
19 James R, McCulley SJ, Macmillan RD. Cirurgia oncoplástica e reconstrutiva da mama em idosos. Br J Surg 2015;102:480-8
20 TRUONG P-T, BERNSTEIN V, WAI E, CHUA B, SPEERS C, OLIVOTTO I-A.

Variações relacionadas com a idade na utilização da dissecção axilar: uma análise de sobrevivência de 8038 mulheres com cancro da mama T1-ST2 Int J radiation oncology Biol. Phys 2002;54:794-803
21 PAPPO I, KARNI T, SANDBANK J, DINUR I, SELLA A, STAHL-KENT V, et al.

Cancro da mama no idoso: caraterísticas histológicas, hormonais e cirúrgicas The breast 2007;16:60-7
22 BENAMOR M, NOS C, FRENEAUX P, CLOUGH K. Sentinel node technique in breast cancer Encycl. Med. Chir (Elsevier, Paris), Gynécologie ;865-F-10, 2004, 15p 23 GENNARI R, ROTMENSZ N,

PEREGO E. Sentinel node biopsy in elderly breast cancer patients Surg Oncol. 2004;13:193-196.
24 Society of Surgical Oncology. https://www.choosingwisely.org/clinician-li sts/sso-sentinel- node-biopsy-in-node-negative-women-70-and-over/ (12 de dezembro de 2022, data do último acesso) 25 COTHIER-SAVEY I, RIMAREIX F, BELICHARD C. General principles of oncoplastic surgery and immediate and delayed breast reconstruction. Encycl. Med. Chir (Elsevier, Paris), Ginecologia; 871-A-25, 2002, 14p.
26 ames R, McCulley SJ, Macmillan RD. Oncoplastic and reconstructive breast surgery in the elderly (Cirurgia oncológica e reconstrutiva da mama em idosos). Br J Surg 2015;102:480-8.
27 DJORDJEVIC N, KARANIKOLIC A, PESIC M. Breast cancer in elderly women Archives of gerontology and geriatrics 2004 ;39:291-9
28 AUGUST D-A, REA T, SONDAK V-K Age-related differences in breast cancer treatment Am. Surg. Oncol. 1994 ;2 :180-8
29CLOUGH K-B, HEITZ D, SALMON R-J. Cirurgia loco-regional para cancro da mama Encycl. Med. Chir (Elsevier, Paris), Ginecologia ;41-970, 2003, 15p
30COURDI A, ORTHOLAN C, HANNOUN-LEVI J-M, FERRERO J-M, LARGILLIER R, BALUMAESTRO C, et al. Resultados a longo prazo da radioterapia hipofraccionada e da terapia hormonal sem cirurgia para o cancro da mama em pacientes idosas. Radioterapia e oncologia 2006;79 :156-61.
31SERIN D, ESCOUTE M. Cancro da mama nas mulheres idosas Encycl Med chir, Gynécologie; 689-A-20, 1999, 6p
32Kunkler IH, Audisio R, Belkacemi Y, et al. Revisão das melhores

práticas actuais e prioridades de investigação em oncologia de radiação para doentes idosos com cancro: o grupo de trabalho da Sociedade Internacional de Oncologia Geriátrica (SIOG). Ann Oncol 2014;25:2134-4

33Smith BD, Gross CP, Smith GL, Galusha DH, Bekelman JE, Haffty BG. Effectiveness of radiation therapy for older women with early breast cancer (Eficácia da radioterapia para mulheres idosas com cancro da mama inicial). J Natl Cancer Inst 2006;98:681- 90.

34Hughes KS, Schnaper LA, Berry D, et al. Lumpectomy plus tamoxifen with or without irradiation in women 70 years of age or older with early breast cancer. N Engl J Med 2004;351:971-7

35 Sawaki M, Yamada A, Kumamaru H, et al. Caraterísticas clinicopatológicas, tratamentos práticos, prognóstico e questões clínicas de pacientes mais velhas com cancro da mama no Japão. Breast Cancer 2021;28:1-8.

36 Stueber TN, Diessner J, Bartmann C, et al. Efeito da radioterapia adjuvante em pacientes idosos com cancro da mama. PLoS One 2020;15:e0229518.

37 Recht A, Comen EA, Fine RE, et al. Radioterapia pós-mastectomia: An American Society of Clinical Oncology, American Society for Radiation Oncology, and Society of Surgical Oncology Focused Guideline Update. Ann Surg Oncol 2017;24:38-51

38 WILDIERS H, KUNKLER I, BIGANZOLI L, FRACHEBOUD J, VLASTOS G, BERNARD-MARTY C, et al. Management of breast cancer in elderly individuals: recommendations of the International Society of Geriatric Oncology. Lancet Oncol 2007;8:1101-15

39 BOUCHARDI C, RAPITI E, BLAGOJEVIC S, VLASTOS AT, VLASTOS G. Mulheres idosas com cancro: importância, causas e consequências do subtratamento. J Clin Oncol 2007;25:1858-69

40 BOUCHARDY C, RAPITI E, FIORETTA G, LAISSUE P, NEYROUD-CASPAR I, SCHAFFER P, et al. O subtratamento diminui fortemente o prognóstico do cancro da mama em mulheres idosas J Clin Oncol 2003;21:3580-7.

41CLARKE M, COLLINS R, DARBY S, DAVIES S, ELPHINSTONE P, EVANS E, et al Effects of radiotherapy and of differences in the extent of surgery for early breast cancer on local recurrence and 15-year survival: an overview of the randomised trials. Lancet 2005;366:2087-10

42Yamada A, Kumamaru H, Shimizu C, et al. Terapia sistémica e prognóstico de doentes mais velhos com cancro da mama em fase II/III: uma análise em grande escala do Registo Japonês do Cancro da Mama. Eur J Cancer 2021;154:157-66

43Muss HB, Berry DA, Cirrincione CT, et al. Adjuvant chemotherapy in older women with early-stage breast cancer (Quimioterapia adjuvante em mulheres idosas com cancro da mama em fase inicial). N Engl J Med 2009;360:2055-65.

44. Muss HB, Polley MC, Berry DA, et al. Ensaio aleatório de regimes de quimioterapia adjuvante padrão versus capecitabina em mulheres mais velhas com câncer de mama precoce: atualização de 10 anos do CALGB 49907 Trial. J Clin Oncol 2019;37:2338-48.

45 Jones S, Holmes FA, O'Shaughnessy J, et al. Docetaxel with cyclophosphamide is associated with an overall survival benefit compared with doxorubicin and cyclophosphamide: 7-year follow-up

of US Oncology Research Trial 9735. J Clin Oncol 2009;27:1177-83.
46. Takabatake D, Taira N, Hara F, et al. Feasibility study of docetaxel with cyclophosphamide as adjuvant chemotherapy for Japanese breast cancer patients. Jpn J Clin Oncol 2009;39:478- 83.
47Crozier JA, Pezzi TA, Hodge C, et al. Adição de quimioterapia à terapia local em mulheres com 70 anos ou mais com cancro da mama triplo-negativo: uma análise de propensão. Lancet Oncol 2020;21:1611-9
48Paik S, Shak S, Tang G, et al. A multigene assay to predict recurrence of tamoxifen-treated, node-negative breast cancer. N Engl J Med 2004;351:2817-26
49Sparano JA, Gray RJ, Makower DF, et al. Validação prospetiva de um ensaio de expressão de 21 genes no cancro da mama. N Engl J Med 2015;373:2005-14
50Kalinsky K, Barlow WE, Gralow JR, et al. Ensaio de 21 genes para informar o benefício da quimioterapia no cancro da mama nódulo-positivo. N Engl J Med 2021;385:2336-47
51Kizy S, Altman AM, Marmor S, et al. 21-gene recurrence score testing in the older population with estrogen recetor-positive breast cancer (Teste de pontuação de recorrência de 21 genes na população idosa com cancro da mama positivo para o recetor de estrogénio). J Geriatr Oncol 2019;10:322-9
52Romond EH, Perez EA, Bryant J, et al. Trastuzumab plus adjuvant chemotherapy for operable HER2-positive breast cancer. N Engl J Med 2005;353:1673-84.
53. Slamon D, Eiermann W, Robert N, et al. Adjuvante trastuzumab no cancro da mama HER2-positivo. N Engl J Med 2011;365:1273-83

54von Minckwitz G, Procter M, de Azambuja E, et al. Adjuvante pertuzumab e trastuzumab no cancro da mama HER2-positivo inicial. N Engl J Med 2017;377:122-31

55von Minckwitz G, Huang CS, Mano MS, et al. Trastuzumab emtansine para o cancro da mama invasivo residual HER2-positivo. N Engl J Med 2019;380:617-28.

56Sawaki M, Taira N, Uemura Y, et al. Ensaio controlado aleatório de trastuzumab com ou sem quimioterapia para o cancro da mama precoce HER2-positivo em doentes mais velhos. J Clin Oncol 2020;38:3743-52.

57von Minckwitz G, Huang CS, Mano MS, et al. Trastuzumab emtansine para o cancro da mama invasivo residual HER2-positivo. N Engl J Med 2019;380:617-28

58Hortobagyi GN. Tratamento do cancro da mama. N Engl J Med 1998;339:974-84.

59Freedman RA, Tolaney SM. Eficácia e segurança em subgrupos de pacientes mais velhos em estudos de monoterapia endócrina versus terapia combinada em pacientes com cancro da mama avançado HR+/HER2-: uma revisão. Tratamento do Cancro da Mama 2018;167:607-14

60Park JH, Choi IS, Kim KH, et al. Padrões de tratamento e resultados em doentes idosos com cancro da mama metastático: um estudo retrospetivo multicêntrico. J Breast Cancer 2017;20:368-77 61 Cortes J, Cescon DW, Rugo HS, et al. Pembrolizumab mais quimioterapia versus placebo mais quimioterapia para o cancro da mama triplo-negativo inoperável ou metastático localmente recorrente não tratado anteriormente (KEYNOTE-355): um ensaio clínico aleatório, controlado por placebo, duplamente cego, fase 3. Lancet 2020;396:1817-28

62Schmid P, Adams S, Rugo HS, et al. Atezolizumab e nab-paclitaxel no cancro da mama triplo-negativo avançado. N Engl J Med 2018;379: 2108-21

63Nosaki K, Saka H, Hosomi Y, et al. Segurança e eficácia da monoterapia com pembrolizumab em doentes idosos com cancro do pulmão avançado de células não pequenas PD-L1-positivo: análise agrupada dos estudos KEYNOTE-010, KEYNOTE-024, e KEYNOTE-042. Cancro do Pulmão 2019;135: 188-95

64Inoue K, Nakagami K, Mizutani M, et al. Ensaio aleatório de fase III de monoterapia com trastuzumab seguida de trastuzumab mais docetaxel versus trastuzumab mais docetaxel como terapêutica de primeira linha em doentes com cancro da mama metastático HER2-positivo: o JO17360 Trial Group. Estudo do Cancro da Mama 2010;119:127-36

65Kaufman PA, Brufsky AM, Mayer M, et al. Padrões de tratamento e resultados clínicos em doentes idosos com cancro da mama metastático HER2-positivo do estudo observacional registHER. Breast Cancer Res Treat 2012;135:875-83.

66 Sawaki M, Tamura K, Shimomura A, Taki Y, Nagashima F, Iwata H. Escolha do Editor Gestão de práticas para pacientes idosas com cancro da mama; resultados de um inquérito do Grupo de Estudo do Cancro da Mama do Japão. Nagoya J Med Sci 2018;80:217-26

67 Wildiers H, Tryfonidis K, Dal Lago L, et al. Pertuzumab e trastuzumab com ou sem quimioterapia metronómica para doentes mais velhas com cancro da mama metastático HER2-positivo

(EORTC 75111-10114): um ensaio aberto, aleatório, de fase 2 do Grupo de Trabalho de Idosos/Grupo de Cancro da Mama. Lancet Oncol 2018;19:323-36.

68 Kirkhus L, Benth JS, Rostoft S, et al. A avaliação geriátrica é superior ao julgamento clínico dos oncologistas na identificação da fragilidade. Br J Cancer 2017;117(4):470-7

69 Mohile SG, Dale W, Somerfield MR, et al. Avaliação prática e gestão de vulnerabilidades em doentes idosos que recebem quimioterapia: A.S.C.O. guideline for geriatric oncology. J Clin Oncol 2018;36(22):2326-47

70 Russo C, Giannotti C, Signori A, et al. Valores preditivos de duas ferramentas de rastreio de fragilidade em pacientes mais velhos com cancro sólido: uma comparação de SAOP2 e G8. Oncotarget 2018;9(80):35056–68.

71 Owusu C, Marggvucius S, Schluchter M, et al. Vulnerable elders survey and socioeconomic status predict functional decline and death among older women. com cancro da mama não-metastático recentemente diagnosticado. Cancro 2016;122(16): 2579-86

72Mueller CB, Ames F, Anderson GD. Breast cancer in 3,558 women: age as a significant determinant in the rate of dying and causes of death. Surgery 1978;83(2): 123-32.

73. Waldron RP, Donovan A, Drumm J, et al. Emergency presentation and mortality from colorectal cancer in the elderly. Br J Surg 1986;73(3):214-6.

74Fentiman IS. Os idosos estão a receber tratamento adequado para o cancro? Ann Oncol 1996;7(7):657-8.

75Korc-Grodzicki B, Downey RJ, Shahrokni A, et al. Considerações

cirúrgicas em adultos mais velhos com cancro. J Clin Oncol 2014;32(24):2647-53.
76Martelli G, Miceli R, Daidone MG, et al. Dissecção axilar versus não dissecção axilar em doentes idosas com cancro da mama e sem nódulos axilares palpáveis: resultados após 15 anos de seguimento. Ann Surg Oncol 2011;18(1):125-33.
77Giuliano AE, Hunt KK, Ballman KV, et al. Dissecção axilar vs. não dissecção axilar em mulheres com cancro da mama invasivo e metástases no nódulo sentinela: um ensaio clínico aleatório. JAMA 2011;305(6):569-75
78Chatzidaki P, et al. Complicações perioperatórias da cirurgia do cancro da mama em mulheres idosas (>/580 anos). Ann Surg Oncol 2011;18(4):923-31
79Wyld L, Reed M, Collins K, et al. Impacto da omissão da cirurgia do cancro da mama em mulheres idosas com cancro da mama precoce ER1. Em: 12ª Conferência Europeia sobre o Cancro da Mama. 2020.
80. Wyld L, Reed M, Collins K, et al. Ensaio aleatório em grupo para avaliar os benefícios clínicos das intervenções de apoio à decisão para mulheres idosas com cancro da mama operável. In: 12ª Conferência Europeia do Cancro da Mama . 2-3 de outubro de 2020; Conferência virtual.
81Hughes KS, Schnaper LA, Bellon JR, et al. Lumpectomia mais tamoxifeno com ou sem irradiação em mulheres com idade igual ou superior a 70 anos com cancro da mama precoce: acompanhamento a longo prazo do CALGB 9343. J Clin Oncol 2013;31(19):2382-7
82Arriagada R, Mouriesse H, Sarrazin D, et al. Radioterapia isolada no cancro da mama. I. Análise dos parâmetros tumorais, dose tumoral

e controlo local: a experiência do Instituto Gustave-Roussy e do Hospital Princess Margaret. Int J Radiat Oncol Biol Phys 1985;11(10):1751. 83 Martelli G, Miceli R, Daidone MG, Vetrella G, Cerrotta AM, Piromalli D, Agresti R (2011) Axillary dissection versus no axillary dissection in elderly patients with breast cancer and no palpable axillary nodes: results after 15 years of follow-up. Ann Surg Oncol 18:125-133

84Boughey JC, Haffty BG, Habermann EB, Hoskin TL, Goetz MP (2017) Terá chegado o momento de acabar com o estadiamento cirúrgico da axila para todas as mulheres com 70 anos ou mais com cancro da mama com recetor hormonal positivo? Ann Surg Oncol 24:614-617

85Chesney TR, Yin JX, Rajaee N, Tricco AC, Fyles AW, Acuna SA et al (2017) Tamoxifeno com radioterapia comparado com Tamoxifeno isolado em mulheres idosas com cancro da mama em fase inicial tratadas com cirurgia conservadora da mama: uma revisão sistemática e meta-análise. Radiother Oncol 123:1-9

86Vaidya JS, Wenz F, Bulsara M, Tobias JS, Joseph DJ, Saunders C, Brew-Graves C, Potyka I, Morris S, Vaidya HJ, Williams NR, Baum M (2016) Um ensaio internacional controlado e aleatório para comparar a radioterapia intra-operatória TARGeted (TARGIT) com a radioterapia pós-operatória convencional após cirurgia conservadora da mama em mulheres com cancro da mama em fase inicial (ensaio TARGIT-A). Health Technol Assess 20:1-188

87 Saita Y, Ishijima M, Kaneko K. Atypical femoral fractures and bisphosphonate use: current evidence and clinical implications. Ther Adv Chronic Dis 2015; 6(4):185-93

88 He'bert-Croteau N, Brisson J, Latreille J, et al. O cumprimento das

recomendações de consenso para a terapia sistémica está associado a uma maior sobrevivência das mulheres com cancro da mama nódulo-negativo. J Clin Oncol 2004;22(18):3685-93.

89 Early Breast Cancer Trialists' Collaborative, G. Effects of chemotherapy and hormonal therapy for early breast cancer on recurrence and 15-year survival: an overview of the randomised trials. Lancet 2005;365(9472):1687–717.

90 Christman K, Muss HB, Case LD, et al. Quimioterapia do cancro da mama metastático em idosos. The Piedmont Oncology Association experience [ver comentário]. JAMA 1992;268(1):57-62.

91 Muss HB, Berry DA, Cirrincione C, et al. Toxicity of older and younger patients treated with adjuvant chemotherapy for node-positive breast cancer: the Cancer and Leukemia Group B Experience. J Clin Oncol 2007;25(24):3699-704

92 Extermann M, Boler I, Reich RR, et al. Previsão do risco de toxicidade da quimioterapia em doentes mais velhos: a escala de avaliação do risco de quimioterapia para doentes de idade avançada (CRASH). Cancro 2012;118(13):3377-86.

93 Hurria A, Togawa K, Mohile SG, et al. Previsão da toxicidade da quimioterapia em adultos mais velhos com cancro: um estudo prospetivo multicêntrico. J Clin Oncol 2011;29(25): 3457-65.

94 Akhtar SS, Allan SG, Rodger A, et al. A 10-year experience of tamoxifen as primary treatment of breast cancer in 100 elderly and frail patients. Eur J Surg Oncol 1991;17(1):30-5

95 Jones S, Holmes FA, O'Shaughnessy J, et al. Docetaxel with Cyclophosphamide is associated with an overall survival Benefit Compared with Doxorubicin and Cyclophosphamide: 7-year follow-up of US oncology research trial 9735. J Clin Oncol 2009;27(8):1177-

83
96 Kizy S, Altman AM, Marmor S, et al. Teste de pontuação de recorrência de 21 genes na população idosa com cancro da mama positivo para o recetor de estrogénio. J Geriatr Oncol 2019; 10(2):322-9. 97 Shachar SS, Hurria A, Muss HB. Cancro da mama em mulheres com mais de 80 anos. J Oncol Pract 2016;12(2):123-32.
98 Perez EA, Romond EH, Suman VJ, et al. Trastuzumab mais quimioterapia adjuvante para o cancro da mama positivo para o recetor do fator de crescimento epidérmico humano 2: análise conjunta planeada da sobrevivência global de NSABP B-31 e NCCTG N9831. J Clin Oncol 2014;32(33):3744-52. 99 Brunello A, Monfardini S, Crivellari D, et al. Análise multicêntrica da atividade e segurança do trastuzumab mais quimioterapia no cancro da mama avançado em mulheres idosas (70 anos). J Clin Oncol 2008;26(Suppl 15):1096.

100 Denegri A, Moccetti T, Moccetti M, et al. Toxicidade cardíaca do trastuzumab em doentes idosas com cancro da mama. J Geriatr Cardiol 2016;13(4):355-63.
101 Wishart GC, Bajdik CD, Dicks E, et al. PREDICT Plus: desenvolvimento e validação de um modelo de prognóstico para o cancro da mama precoce que inclui HER2. Br J Cancer 2012;107(5):800-7. 102 Paridaens RJ, Gelber S, Cole BF, et al. Adjuvant! Online estimation of chemotherapy efficacy when added to ovarian function suppression plus tamoxifen for premenopausal women with estrogen-recetor-positive breast cancer. Breast Cancer Res Treat 2010;123(1):303-10.

APÊNDICE

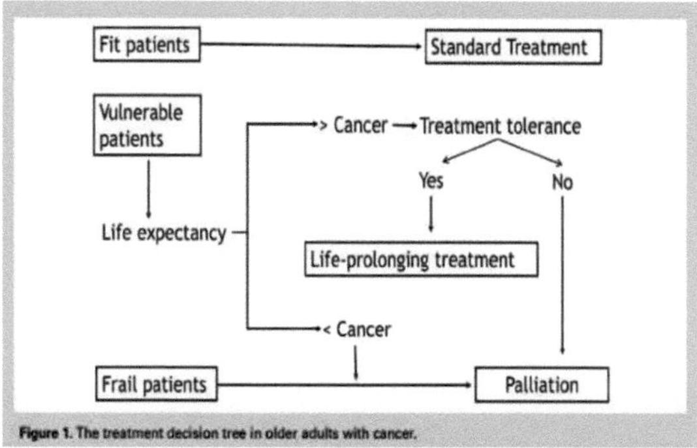

Figure 1. The treatment decision tree in older adults with cancer.

Figura 1:

Printed by Books on Demand GmbH, Norderstedt / Germany